海南省外来入侵物种
识别与防治

（植物卷）

刘　延　李晓霞　主编

U0306552

中国农业科学技术出版社

图书在版编目（CIP）数据

海南省外来入侵物种识别与防治. 植物卷/ 刘延，李晓霞主编. --北京：中国农业科学技术出版社，2022. 11

ISBN 978-7-5116-5973-6

Ⅰ. ①海… Ⅱ. ①刘… ②李… Ⅲ. ①外来种－侵入种－防治－研究－海南 Ⅳ. ①Q16

中国版本图书馆CIP数据核字（2022）第198384号

责任编辑　姚　欢
责任校对　王　彦
责任印制　姜义伟　王思文

出 版 者　中国农业科学技术出版社
　　　　　北京市中关村南大街12号　　邮编：100081
电　　话　（010）82106631（编辑室）　（010）82109702（发行部）
　　　　　（010）82109709（读者服务部）
网　　址　https://castp.caas.cn
经 销 者　各地新华书店
印 刷 者　北京科信印刷有限公司
开　　本　170 mm×240 mm　1/16
印　　张　6.25
字　　数　100千字
版　　次　2022年11月第1版　　2022年11月第1次印刷
定　　价　50.00元

主编简介

刘延，博士，副研究员。主要从事热带农林杂草与入侵植物综合防治技术研究。近年来主持（参加）海南省重点研发计划项目、中国热带农业科学院基本科研业务费专项资金、黑龙江省青年基金项目、转基因专项、中央性公益性行业等项目；在国内外学术刊物上发表论文10余篇；参编出版学术专著2部；以第一完成人授权实用新型专利2件、软件著作权3件。

李晓霞，硕士，助理研究员。主要从事热带农林植物分类学、生物学等研究。近年来主持（参加）国家自然科学基金、海南省重点研发计划等项目10余项；在国内外学术刊物上发表论文30余篇，其中，以第一作者、共同第一作者、通信作者在*Plant Biology*、*Phytotaxa*、*PloS One*等期刊发表论文20余篇；主编、副主编出版学术专著2部；以第一完成人授权实用新型专利2件、软件著作权7件；先后荣获海南省自然科学奖特等奖、中国热带农业科学院科技奖三等奖等奖项。

海南省外来入侵物种识别与防治
（植物卷）
编者名单

主　　编　刘　延（中国热带农业科学院环境与植物保护研究所）

李晓霞（中国热带农业科学院科技信息研究所）

副 主 编　范志伟（中国热带农业科学院环境与植物保护研究所）

黄　锋（海南省农业生态与资源保护总站）

李婷婷（昌江黎族自治县农业科学研究所）

吴丽丽（文昌市农业技术推广服务中心）

编　　委　靳江彦（海南省图书馆）

黄乔乔（中国热带农业科学院环境与植物保护研究所）

王　亚（中国热带农业科学院环境与植物保护研究所）

阚应波（中国热带农业科学院科技信息研究所）

曾安逸（中国热带农业科学院科技信息研究所）

邱贵光（东方市农业服务中心）

海南省外来入侵物种识别与防治
（植物卷）
项目资助

1　农业农村部专项"农业外来入侵物种发生危害及扩散风险等调查"（13220151）

2　农业农村部专项"重大外来入侵物种重点调查点位踏查布设及质量控制"（13210375）

3　农业农村部专项"外来入侵物种普查试点技术支撑服务"（13200442）

4　农业农村部专项"热带亚热带地区外来入侵物种信息收集"（13200434）

5　农业农村部专项"外来入侵生物调查监测、风险评估与防控技术集成服务（防控信息与科普宣传）"（13200283）

6　海南省外来入侵物种普查项目（文昌市、东方市、琼中黎族苗族自治县和昌江黎族自治县）

7　海南省高层次人才项目"基于农业和生态安全的海南岛外来入侵物种管控策略研究"（721RC631）

8　国家重点研发计划项目"重大外来入侵物种前瞻性风险预警和实时控制关键技术研究"（2021YFC2600400）

9　2022年云南省农业跨境有害生物绿色防控重点实验室开放基金"外来入侵种小花十万错种子萌发特性及表型可塑性研究"（ZDKF002）

内容简介

外来物种入侵威胁生态系统稳定，是当前全球生物多样性丧失的主要原因之一。海南自由贸易港和全球动植物种质资源引进中转基地建设给海南外来入侵物种防控带来了新的挑战，而如何做好预防工作以及尽快解决已经形成的问题是摆在我们面前的一项艰巨任务。《海南省外来入侵物种识别与防治（植物卷）》收集了15科40种外来入侵植物，并对其学名、别名、科属、形态特征、生境习性、分布危害和防治方法进行了介绍，借此提高相关部门、研究人员和广大民众对外来入侵植物危害和防控的认知与重视，并为海南省外来入侵植物的识别与防治提供参考和指导。

由于编者水平有限，书中难免出现疏漏和表述不妥之处，恳请读者批评指正，以期将来补充、修正。

目 录

第一章

双子叶植物

一、爵床科 Acanthaceae

1. 小花十万错

【学名】*Asystasia gangetica* subsp. *micrantha*（Nees）Ensermu

【科属】爵床科十万错属

【形态特征】茎四棱形。叶对生，卵形至椭圆形，基部钝或圆形，具叶柄，叶两面及边缘被稀疏短毛。总状花序顶生，花序轴4棱，棱上被毛；花偏向一侧，花萼仅基部结合，花冠较小，白色，长12～15毫米，宽约5毫米，略成两唇形，上唇2裂，下唇3裂，唇瓣具紫色斑点；雄蕊4，在基部结合成对，花药紫色；花柱长约12毫米，其基部被长柔毛，子房长约3毫米，其基部被长柔毛。蒴果长约30毫米，种子2～4枚，黑色，边缘无毛。

【生境习性】多年生草本，以种子繁殖，茎段也可生根繁殖。生于潮湿地、水旁、路边、荒地、林下等。

【分布危害】分布于中国海南儋州、白沙、琼中、临高、澄迈、海口、文昌、三亚等各市县，归化于广东和台湾。原产于非洲、印度与斯里兰卡，现已成为泛热带杂草。在澳大利亚被列入威胁生物多样性和环境破坏的28种警惕性外来环境杂草名录。在马来西亚、印度尼西亚和太平洋群岛，它成为主要的外来农业杂草。在我国，小花十万错主要入侵果园、橡胶园、木薯园、苗圃、绿化带、灌木丛、林下、旷野及人口流动频繁的旅游区等，已给当地的农业生产以及生态系统造成严重的危害。

【防治方法】

（1）物理防治：因其可以通过匍匐茎进行无性繁殖，在种子成熟前人工将小花十万错连根拔除，务必要注意将断的茎秆清理干净。

（2）化学防治：在荒地及多年生果园可以使用草甘膦有效成分60～120克/亩（1亩≈667米^2，全书同），或草铵膦有效成分40～60克/亩，或氯氟吡氧乙酸有效成分30～60克/亩防治。

小花十万错

①幼苗　②花果枝　③植株　④花

二、苋科 Amaranthaceae

2. 喜旱莲子草

【学名】*Alternanthera philoxeroides*（C. Martius）Grisebach

【别名】空心莲子草、水花生

【科属】苋科莲子草属

【形态特征】茎基部匍匐，上部上升，中空，被柔毛，节部稍膨大，分枝对生。叶椭圆形或长圆形，先端渐尖，基部楔形，全缘或波状，两面被柔毛，或近无毛；叶柄长0.5～1.5厘米，密被柔毛或近无毛。花密生成具总花梗的头状花序，单生在叶腋，球形；苞片和小苞片白色，小苞片披针形，刺状，基部两侧具膜质裂片。花被片披针形，花后硬化锐尖，白色。种子卵形，褐色。

【生境习性】多年生草本，以种子和茎繁殖。喜旱莲子草抗逆性强，适应性很广，可生长于沟渠边、池塘、河道、水田等浅水处，但也可在陆地生长。花果期5—10月。

【分布危害】分布于中国海南各地；华南、华东、西南、华中。原产于巴西。1892年在上海附近岛屿出现，1933年在上海、江苏采到标本。在沟塘、湿地、荒地、旱地、果园、苗圃和宅旁等多种生境下泛滥成灾，是2003年中国国家环保总局公布的首批16种重要入侵物种之一。

【防治方法】主要采用物理防治、化学防治、生物防治等，其中物理防治和化学防治是较为传统的防治方法。

（1）物理防治：喜旱莲子草入侵初期区域可进行人工挖除、铲除或机械打捞，并将全部茎叶进行晒干或焚烧。

（2）化学防治：氯氟吡氧乙酸、莠灭净、草甘膦单用或加2甲4氯等除草剂应用较多，化学除草剂对喜旱莲子草具有较强的防除效果。

（3）生物防治：莲草直胸跳甲（*Agasicles hygrophila*）、空心莲子草斑螟（*Vogtia malloi*）等可有效控制喜旱莲子草的发生。

（4）综合防治：对于已经成功入侵的喜旱莲子草，单独依靠某一种方法已经不能达到完全防除的目的。根据喜旱莲子草不同的生长阶段，将化学防治、生物防治和物理防治方法彼此有机整合，互相协调，同时利用各自的优势弥补彼此的不足。通过综合控制，才能有效控制喜旱莲子草的蔓延。

喜旱莲子草

① 植株

② 茎

③ 花序

3. 刺苋

【**学名**】*Amaranthus spinosus* Linnaeus

【**科属**】苋科苋属

【**形态特征**】茎四棱形，被柔毛，节部稍膨大，分枝对生。叶椭圆形或长圆形，长1.5～7厘米，先端渐尖，基部楔形，全缘或波状，两面被柔毛，或近无毛；叶柄长0.5～1.5厘米，密被柔毛或近无毛。穗状花序顶生，直立，花在花后反折，花序梗密被白色柔毛；苞片披针形，长3～4毫米，小苞片2枚，刺状，基部两侧具膜质裂片。花被片披针形，花后硬化锐尖，具1脉；雄蕊长2.5～3.5毫米；退化雄蕊顶端平截，流苏状长缘毛。胞果卵形。种子卵形，长约2毫米，褐色。

【**生境习性**】多年生草本。常生于荒地、路旁、草地、田间、旱地、菜田、果园。花果期7—11月。

【**分布危害**】分布于中国海南各地；陕西、北京、河北南部、河南、山东、江苏、浙江、安徽、湖北、湖南、江西、四川、重庆、云南、贵州、广东、广西、福建、香港、澳门、台湾。原产于热带美洲，1830年在中国澳门发现，1857年在中国香港采到标本。危害旱作物田、蔬菜地及果园，严重消耗土壤肥力。

【**防治方法**】

（1）物理防治：在种子成熟前将刺苋连根拔除。

（2）化学防治：在荒地上及多年生果园可以使用草甘膦有效成分60～120克/亩，或草铵膦有效成分40～60克/亩。农田中豆科作物田，苗后早期可使用氟磺胺草醚有效成分15～25克/亩（或根据作物调整为其他二苯醚类除草剂）；可使用甲氧咪草烟有效成分3～4克/亩（或根据作物调整为其他咪唑啉酮类除草剂）。

①

刺苋

① 植株　② 叶片　③ 花序　④ 刺

4. 皱果苋

【**学名**】*Amaranthus viridis* Linnaeus

【**别名**】野苋

【**科属**】苋科苋属

【**形态特征**】植株高可达80厘米，全株无毛。茎直立，稍分枝。叶卵形、卵状长圆形或卵状椭圆形，长3～9厘米，先端尖凹或凹缺，稀圆钝，具芒尖，基部宽楔形或近平截，全缘或微波状，叶面常有"V"字形白斑；叶柄长3～6厘米。穗状圆锥花序顶生，长达12厘米，圆柱形，细长，直立，顶生花穗较侧生者长；花序梗长2～2.5厘米；苞片披针形，长不及1毫米，具凸尖。花被片长圆形或宽倒披针形；雄蕊较花被片短；柱头（2）3。胞果扁球形，直径约2毫米，不裂，皱缩，露出花被片。种子近球形，直径约1毫米，黑色或黑褐色，环状边缘薄且锐。

【**生境习性**】一年生草本。生在疏松、干燥的杂草地上或田野间。花期6—8月，果期8—10月。

【**分布危害**】分布于中国海南各地；除西北和西藏以外的各省区。原产于热带美洲，1864年在中国台湾发现。在宅旁、农田、果园及菜园中较为常见，危害玉米、大豆、棉花、薄荷、甘薯等。由于种子量大、耐寒耐旱、生长速度快等特点，比其他植物有竞争优势，占据生态位，从而成功入侵，影响生物多样性。

【**防治方法**】参考刺苋。

①

皱果苋

①植株　②花序　③雌花和雄花　④种子

5. 银花苋

【学名】 *Gomphrena celosioides* C. Martius

【别名】 鸡冠千日红、假千日红

【科属】 苋科千日红属

【形态特征】 茎贴生白色长柔毛。单叶对生，叶片长椭圆形至近匙形，背面密被或疏生柔毛。顶生球形或长圆形头状花序，单一或2~3个，花序银白色，初呈球状，后呈长圆形；无总花梗；苞片宽三角形，小苞片白色；脊棱极狭；萼片外面被白色长柔毛，花后外侧2片脆革质，内侧薄革质；雄蕊管先端5裂，具缺口；花柱极短，柱头2裂。胞果梨形，果皮薄膜质。

【生境习性】 一年生直立或披散草本。喜阳光和潮湿环境，生性强健，耐旱、耐贫瘠，生于路旁、草地等。花期6—7月，果期8—9月。

【分布危害】 分布于中国海南各地；广东、西沙群岛、台湾等有分布。原产于美洲热带。危害轻，一般性杂草。多为田边杂草，影响田地作物生长和生态景观，同时降低物种生物多样性。

【防治方法】 参考刺苋。

银花苋

① 植株

② 地上部分

③ 花序

④ 叶片

三、藜科 Chenopodiaceae

6. 土荆芥

【学名】*Dysphania ambrosioides*（Linnaeus）Mosyakin & Clemants

【别名】鹅脚草、臭草、杀虫芥

【科属】藜科腺毛藜属

【形态特征】有强烈香味。茎直立，多分枝，有色条及钝条棱；枝通常细瘦，有短柔毛并兼有具节的长柔毛，有时近于无毛。叶片矩圆状披针形至披针形，先端急尖或渐尖，边缘具稀疏不整齐的大锯齿，基部渐狭具短柄，上面平滑无毛，下面有散生油点并沿叶脉稍有毛，下部的叶长可达15厘米，宽可达5厘米，上部叶逐渐狭小而近全缘。花两性及雌性，通常3～5个团集，生于上部叶腋；花被裂片5，较少为3，绿色，果时通常闭合；雄蕊5；花柱不明显，丝形，伸出花被外。胞果扁球形，完全包于花被内。种子横生或斜生，黑色或暗红色。

【生境习性】一年生或多年生草本。常生长于路旁、村旁、旷野、田边、沟岸等生境。花期和果期的时间都很长。

【分布危害】分布于中国海南儋州、海口、屯昌、琼中、五指山等地；安徽、江苏、上海、浙江、江西、湖南、湖北、福建、广东、广西、四川、重庆、贵州。原产于热带美洲，现广布于世界热带及温带地区。土荆芥为路边常见杂草，含有毒的挥发油，对其他植物产生化感作用；也是常见的花粉过敏源。

【防治方法】参考刺苋。

①

土荆芥
① 植株
② 叶
③ 茎
④ 花枝

四、菊科 Compositae

7. 藿香蓟

【学名】*Ageratum conyzoides* Linnaeus

【别名】胜红蓟

【科属】菊科藿香蓟属

【形态特征】植株无明显主根。茎粗壮，或少有纤细的、不分枝或自基部或自中部以上分枝，或下基部平卧而节常生不定根。全部茎枝淡红色，或上部绿色，被白色尘状短柔毛或上部被稠密开展的长茸毛。叶对生，有时上部互生，常有腋生的不发育的叶芽。中部茎叶卵形或椭圆形或长圆形；自中部叶向上向下及腋生小枝上的叶渐小或小，卵形或长圆形，有时植株全部小叶。全部叶基部钝或宽楔形，基出三脉或不明显五出脉，顶端急尖，边缘圆锯齿，有长1～3厘米的叶柄，两面被白色稀疏的短柔毛且有黄色腺点，上面沿脉处及叶下面的毛稍多有时下面近无毛，上部叶的叶柄或腋生幼枝及腋生枝上的小叶的叶柄通常被白色稠密开展的长柔毛。头状花序4～18个在茎顶排成通常紧密的伞房状花序；花序直径1.5～3厘米，少有排成松散伞房花序式的。花梗长0.5～1.5厘米，被尘球短柔毛。总苞钟状或半球形，宽约5毫米。总苞片2层，外面无毛，边缘撕裂状。花冠长1.5～2.5毫米，外面无毛或顶端有尘状微柔毛，檐部5裂，淡紫色。瘦果黑褐色，5棱，有白色稀疏细柔毛。冠毛膜片5～6个，长圆形，顶端急狭或渐狭成长或短芒状，或部分膜片顶端截形而无芒状渐尖。

【生境习性】一年生草本。喜松软土壤，常生长于山谷、林缘、林下、河边、草地、农田、荒地、田边等生境。花果期全年。

【分布危害】分布于中国海南各地；华东、华中、华南、西南。原产于中南美洲，19世纪在中国香港发现。危害旱作、果园、草地等，常入侵秋收作物，如玉米、甘蔗和甘薯田，也危害蔬菜，发生量大，是区域性恶性杂草。

【防治方法】参考假臭草。

藿香蓟

① 植株

② 地上部分

③ 花序

8. 鬼针草

【学名】*Bidens pilosa* Linnaeus

【别名】三叶鬼针草、白花鬼针草

【科属】菊科鬼针草属

【形态特征】茎直立，钝四棱形。茎下部叶较小，3裂或不分裂，通常在开花前枯萎，中部叶具长1.5～5厘米无翅的柄，三出，小叶3枚，很少为具5（7）小叶的羽状复叶，两侧小叶椭圆形或卵状椭圆形，先端锐尖，基部近圆形或阔楔形，有时偏斜，不对称，具短柄，边缘有锯齿，顶生小叶较大，长椭圆形或卵状长圆形，先端渐尖，基部渐狭或近圆形，具长1～2厘米的柄，边缘有锯齿，无毛或被极稀疏的短柔毛，上部叶小，3裂或不分裂，条状披针形。头状花序有长1～6（果时长3～10）厘米的花序梗。总苞基部被短柔毛，苞片7～8枚。无舌状花，盘花筒状，长约4.5毫米，冠檐5齿裂。瘦果黑色，条形，略扁，具棱，上部具稀疏瘤状突起及刚毛，顶端芒刺3～4枚，具倒刺毛。

【生境习性】一年生草本。常生长于路边、林地、农田、草地、旱作地、果园、宅旁、弃荒地等生境。花期全年。

【分布危害】分布于中国海南东方、白沙、保亭、三亚、陵水、万宁、琼中、儋州；华东、华中、华南、西南各地区。原产于热带美洲，1857年中国香港有报道。鬼针草具芒刺的果实钩挂在衣物、家畜或农具上，携带到各处而传播。为农田、菜地、胶园、木薯园、路埂等常见杂草，主要危害经济作物；生长繁殖能力较强，种子发芽率高，幼龄期短，严重破坏入侵地的生态系统和种群结构。

【防治方法】

（1）化学防治：在荒地上及多年生果园可以使用草甘膦有效成分60～120克/亩，或草铵膦有效成分40～60克/亩。农田中豆科作物田，苗后早期使用氟磺胺草醚有效成分15～30克/亩（或根据作物调整为其他二苯醚类除草剂），或使用甲氧咪草烟有效成分3～4克/亩（或根据作物调整为其他咪唑啉酮类除草剂）；甘蔗种植田等可使用辛酰溴苯腈有效成分12～30克/亩。

（2）生物防治：寄生植物和藤蔓植物可控制鬼针草的蔓延，利用其他植物的化感物质开发植物源生物除草剂将来有望应用于鬼针草的防除。

鬼针草

① 植株

② 地上部分

③ 花序

9. 白花鬼针草

【**学名**】*Bidens pilosa* var. *radiata* Sch.-Bip.

【**科属**】菊科鬼针草属

【**形态特征**】与原变种鬼针草的主要区别是：茎多分枝，略微匍匐状生长。头状花序大于4厘米，外围有5~7枚白色或偶略紫红色舌状花。瘦果顶端有芒刺2~3枚，以2枚者居多。

【**生境习性**】一年生草本。生于荒地、路边及潮湿的果园等。花期全年。

【**分布危害**】分布于中国海南各地；华东、华中、华南、西南各省区。广布于亚洲和美洲的热带和亚热带地区。白花鬼针草有惊人的繁殖能力和传播速度，在果园、休耕地、路边、林地、果园、撂荒地等空余地中大量生长，形成单优势种群。同时其具有强烈的化感作用，对低矮的草本植物有排斥作用，造成生物多样性减少，严重威胁着本土植物的生存。

【**防治方法**】参考鬼针草。

白花鬼针草

①幼苗　②植株　③花序　④舌片和管状花

10. 飞机草

【**学名**】*Chromolaena odorata*（Linnaeus）R. M. King & H. Robinson

【**科属**】菊科飞机草属

【**形态特征**】根茎粗壮，横走。茎直立。叶对生。头状花序多数或少数在茎顶或枝端排成伞房状或复伞房状花序；花序梗粗壮，密被稠密的短柔毛；总苞圆柱形，约含20个小花；总苞片3～4层，覆瓦状排列，外层苞片卵形，外面被短柔毛，顶端钝，向内渐长，中层及内层苞片长圆形，顶端渐尖；全部苞片有3条宽中脉，麦秆黄色，无腺点。花白色或粉红色，花冠长约5毫米。瘦果黑褐色，5棱，无腺点，沿棱有稀疏的白色贴紧的顺向短柔毛。

【**生境习性**】多年生草本。生长于海拔1 000米以下的盆地边缘、田埂、路边、林缘及林内旷地。年降水量900～2 000毫米，相对湿度70%～90%，年平均温度在19℃以上的地带，是飞机草的适宜分布区。花果期12月至翌年4月。

【**分布危害**】分布于中国海南各地；广东、广西、云南、贵州西南部、香港、澳门、台湾。原产于中南美洲，1934年在中国云南南部发现，第二次世界大战期间引入海南。飞机草是我国热带和亚热带地区的恶性杂草，危害旱作、木薯、果园、茶园、胶园、草地。飞机草竞争力强，抢夺其他植物的生存空间和土壤营养，破坏植物多样性，破坏当地生态平衡，导致作物减产；花粉和带冠毛的种子能引起马哮喘病，叶有毒，牲畜误食一定量后会中毒，严重时会心衰而亡。

【**防治方法**】

（1）物理防治：国内外常使用机械或锄、刀等工具，利用人工清除的方法进行飞机草的防治，此方法能短期有效地遏制飞机草的繁殖和蔓延速度。

（2）化学防治：非耕地可以使用288克/升氯氟吡氧乙酸异辛酯乳油100～200毫升/亩，或30%二氯吡啶酸水剂1 000～2 000倍液，或24%氨氯吡啶酸水剂1 000～1 500倍液茎叶喷雾。灭生性除草剂可以使用草甘膦有效成分50～120克/亩，或草铵膦有效成分30～40克/亩茎叶喷雾。

（3）生物防治：香泽兰灯蛾（*Pareuchaetes pseudoi*）、香泽兰瘿实蝇（*Cecidochares connexa*）和安娴珍蝶（*Actinote anteas*）可以用于防治飞机草。

飞机草

① 植株

② 叶片

③ 幼苗

④ 花枝

11. 野茼蒿

【**学名**】*Crassocephalum crepidioides*（Benth.）S. Moore

【**别名**】革命菜

【**科属**】菊科野茼蒿属

【**形态特征**】茎直立，有纵条棱，叶膜质，椭圆形或长圆状椭圆形，顶端渐尖，基部楔形，边缘有不规则锯齿或重锯齿，或有时基部羽状裂，两面无或近无毛；叶柄长2～2.5厘米。头状花序数个在茎端排成伞房状，总苞钟状，基部截形，有数枚不等长的线形小苞片；总苞片1层，线状披针形，等长，具狭膜质边缘，顶端有簇状毛，小花全部管状，两性，花冠红褐色或橙红色，檐部5齿裂，花柱基部呈小球状，分枝，顶端尖，被乳头状毛。瘦果狭圆柱形，赤红色，有肋，被毛；冠毛极多数，白色，绢毛状，易脱落。

【**生境习性**】多年生草本。生于湿润的土壤，为新荒地上的先锋草类。花期7—12月。

【**分布危害**】分布于中国海南各地；甘肃南部、陕西、浙江、湖南、湖北、江西、四川、重庆、贵州、云南、西藏（东南部）、福建、广东、广西、香港、台湾等。原产于热带非洲，1930年从中南半岛蔓延入境。旱作、果园、菜园和胶园等常发生。

【**防治方法**】

（1）物理防治：在种子成熟前人工将野茼蒿连根拔除。

（2）化学防治：在荒地上及多年生果园可以使用草甘膦有效成分50～120克/亩，或草铵膦有效成分30～40克/亩。农田中豆科作物田，苗后早期使用氟磺胺草醚有效成分15～25克/亩（或根据作物调整为其他二苯醚类除草剂）；甘蔗种植田等可使用2甲4氯有效成分15～30克/亩，或使用辛酰溴苯腈有效成分12～30克/亩。

①

野茼蒿

①幼苗　②植株　③茎　④花序　⑤果枝

12. 小蓬草

【学名】 *Erigeron canadensis* Linnaeus

【别名】 小飞蓬、小白酒草、加拿大蓬

【科属】 菊科飞蓬属

【形态特征】 根纺锤状。茎直立，被疏长硬毛，上部多分枝。叶密集。头状花序多数，小，排列成顶生多分枝的大圆锥花序；总苞片2～3层，外层约短于内层之半，背面被疏毛，内层长，边缘干膜质，无毛；花托平，具不明显的突起；雌花多数，舌状，白色，舌片小，稍超出花盘，线形，顶端具2个钝小齿；两性花淡黄色，花冠管状，长2.5～3毫米，上端具4个或5个齿裂，管部上部被疏微毛。瘦果线状披针形，被贴微毛；冠毛污白色，1层，糙毛状。

【生境习性】 一年生或二年生草本。多生于干燥、向阳的土地上，在牧场、草原、河滩及路边常形成大片草丛。花期5—9月。

【分布危害】 分布于中国海南各地；黑龙江、吉林、辽宁、内蒙古、河北、山西、陕西、河南、山东、江苏、浙江、江西、湖北、四川、贵州、云南、广东、广西、福建、台湾等。原产于北美洲，1860年在中国山东烟台发现，1886年在浙江宁波和湖北宜昌采到标本，1887年到达四川南溪。危害旱作、果园、茶园、胶园等，发生量大，形成单优势种群，是重要杂草。对秋收作物田、果园和茶园危害重，影响农田作物生长，通过分泌化感物质抑制邻近植物的生长。

【防治方法】

（1）物理防治：在种子成熟前人工将小蓬草连根拔除。

（2）化学防治：在荒地上及多年生果园可以使用草甘膦有效成分50～120克/亩，或草铵膦有效成分30～40克/亩，但小蓬草极易对草甘膦产生抗药性，因此应尽量轮用其他种类除草剂如二氯吡啶酸、唑嘧磺草胺或草甘膦，分别与2甲4氯、乙羧氟草醚混用。

小蓬草

① 植株

② 茎

③ 花序

13. 苏门白酒草

【学名】 *Erigeron sumatrensis* Retz.

【科属】 菊科飞蓬属

【形态特征】 根纺锤状，直或弯，具纤维状根。茎粗壮，直立，具条棱，绿色或下部红紫色，中部或中部以上有长分枝，被较密灰白色上弯糙短毛，杂有开展的疏柔毛。叶密集，基部叶花期凋落，下部叶倒披针形或披针形，顶端尖或渐尖，基部渐狭成柄，边缘上部每边常有4~8个粗齿，基部全缘，中部和上部叶渐小，狭披针形或近线形，具齿或全缘，两面特别下面被密糙短毛。头状花序多数，径5~8毫米，在茎枝端排列成大而长的圆锥花序；花序梗长3~5毫米；总苞卵状短圆柱状，总苞片3层，灰绿色，线状披针形或线形，顶端渐尖，背面被糙短毛，外层稍短或短于内层之半，内层长约4毫米，边缘干膜质；花托稍平，具明显小窝孔，直径2~2.5毫米；雌花多层，长4~4.5毫米，管部细长，舌片淡黄色或淡紫色，极短细，丝状，顶端具2细裂；两性花6~11个，花冠淡黄色，长约4毫米，檐部狭漏斗形，上端具5齿裂，管部上部被疏微毛；瘦果线状披针形，扁压，被贴微毛；冠毛1层，初时白色，后变黄褐色。

【生境习性】 一年生或二年生草本。常生于荒地、路旁、山坡、果园、林地、农田、草地等。花期5—10月。

【分布危害】 分布于中国海南各地；云南、贵州、广西、广东、江西、福建、台湾。原产于南美洲，现在热带和亚热带地区广泛分布。入侵作物田和果园，导致农作物和果树减产；具有较强的化感潜力，排挤其他草本植物，形成单种群落，减少生物多样性，影响景观。

【防治方法】 参考小蓬草。

苏门白酒草

① 植株 ② 花序 ③ 茎 ④ 果枝

14. 薇甘菊

【学名】 *Mikania micrantha* Kunth

【别名】 小花蔓泽兰、小花假泽兰

【科属】 菊科假泽兰属

【形态特征】 植株平滑至具多柔毛。茎圆柱状，有时管状，具棱。叶薄，淡绿色，卵心形或戟形，渐尖，茎生叶大多箭形或戟形，具深凹刻，近全缘至粗波状齿。圆锥花序顶生或侧生，复花序聚伞状分枝；头状花序小，花冠白色，喉部钟状，具长小齿，弯曲；瘦果黑色，表面分散有粒状突起物；冠毛鲜时白色。

【生境习性】 多年生草本或灌木状攀缘藤本。常见于被破坏的林地边缘、荒弃农田、疏于管理的果园、水库和沟渠或河道两侧等生境。花果期10月至翌年5月。

【分布危害】 分布于中国海南各地；广东、云南、广西、江西、福建、香港、澳门、台湾。原产于热带美洲。1884年在中国香港采到标本，1919年逸生为杂草，1983年在云南采到标本，1984年在深圳发现，2008年来已广泛分布在珠江三角洲地区。2003年在海南、2008年在广西、2012年在江西、2014年与2017年在福建分别发现。该种已列入世界上最有害的100种外来入侵物种之一，也列入中国首批外来入侵物种。薇甘菊为多年生藤本植物，有丰富的种子并可通过茎节繁殖，通过竞争或化感作用抑制自然植被和作物生长，对森林和农田土地造成巨大影响。

【防治方法】

（1）物理防治：主要是利用人工或机械大面积地铲除薇甘菊。

（2）化学防治：非耕地可以使用288克/升氯氟吡氧乙酸异辛酯乳油100～200毫升/亩，或30%二氯吡啶酸水剂1 000～2 000倍液，或24%氨氯吡啶酸水剂1 000～1 500倍液茎叶喷雾。灭生性除草剂可以使用草甘膦有效成分50～120克/亩，或草铵膦有效成分30～60克/亩茎叶喷雾。

（3）生物防治：利用艳婀珍蝶（*Actinote thalia pyrrha*）、安婀珍蝶（*Actinote anteas*）、假泽兰滑蓟马（*Liothrips mikaniae*）、小蓑蛾（*Acanthopsyche* sp.）等潜在天敌防治薇甘菊；深圳利用菟丝子（*Cuscuta chinessis*）对薇甘菊的化感作用来防治薇甘菊，已经取得成效；薇甘菊柄锈菌（*Puccinia spegazzinii*）、薇甘菊萎蔫病毒对薇甘菊具有一定的防治效果。

（4）生态防治：通过改变树林和群落结构，营造不利于薇甘菊生长的群落环境以达到控制薇甘菊的目的。

薇甘菊
① 植株
② 花
③ 果枝
④ 群体

15. 银胶菊

【学名】*Parthenium hysterophorus* Linnaeus

【科属】菊科银胶菊属

【形态特征】茎多分枝，被柔毛。茎下部和中部叶二回羽状深裂，卵形或椭圆形，小羽片卵状或长圆状，常具齿，上面疏被基部疣状糙毛，下面毛较密柔软；上部叶无柄，羽裂，裂片线状长圆形，有时指状3裂。头状花序多数，直径3~4毫米，在茎枝顶端排成伞房状，花序梗长3~8毫米，被粗毛；总苞宽钟形或近半球形，直径约5毫米，总苞片2层，外层卵形，背面被柔毛，内层较薄，近圆形，边缘近膜质，上部被柔毛。舌状花1层，白色，舌片卵形或卵圆形，先端2裂；管状花多数，檐部4浅裂，具乳突；雄蕊4。雌花瘦果倒卵圆形，干后黑色，被疏腺点；冠毛2枚，鳞片状，长圆形，顶端平截或具细齿。

【生境习性】一年生草本。常生长于路旁、河边、荒地、草地、果园、耕地等生境。花期4—10月。

【分布危害】分布于中国海南各地；广东、广西、云南、贵州、香港和福建。原产于美国（得克萨斯州）及墨西哥北部，1926年在中国云南采到标本。危害旱作田、菜园、果园、甘蔗园、胶园、木薯园、花园、绿地、苗圃等。银胶菊适应性强、生长茂盛、繁殖力强、传播蔓延快、在短时间内可大面积暴发成灾，造成生物污染，压制并排挤原有物种，形成单优势种群。植株高大，种子量大，侵入农田，与作物争肥争水争阳光，严重影响作物产量。银胶菊对其他植物有化感作用，还可引起人和家畜的过敏性皮炎；吸入银胶菊有毒性的花粉可造成过敏，直接接触则可引起皮肤发炎、红肿等症状。

【防治方法】

（1）物理防除：出苗期人工拔除新萌发幼苗可防止新传播点的发生；开花前拔除植株可降低连片发生区的密度，控制零星传播点；秋后再进行一次全面的田间拔除，基本可消灭零星传播点。

（2）化学防治：对银胶菊发生严重、集中分布地区可采用化学药剂进行防除。在非耕地发生时可用灭生性除草剂草甘膦、磺草酮、硝磺草酮和莠去津，无论茎叶处理还是土壤处理对银胶菊均有很好的防除效果。

（3）生物防治：银胶菊叶甲（*Zygogramma bicolorata*）、豚草卷蛾（*Epiblema strenuana*）对银胶菊有生物防治的潜力。

银胶菊

①幼苗　②植株　③叶片　④花序

16. 假臭草

【学名】*Praxelis clematidea*（Grisebach）King et Robinson

【别名】猫腥菊

【科属】菊科假臭草属

【形态特征】全株被长柔毛，茎直立，多分枝。叶对生，卵圆形至菱形，具腺点；边缘齿状，先端急尖，基部圆楔形，具3脉。头状花序生于茎、枝端，总苞钟形，小花25~30朵，蓝紫色。瘦果，黑色，具白色冠毛。

【生境习性】亚灌木或一年生草本。生于荒地、荒坡、滩涂、林地、果园、草地等生境，对土壤可耕性的破坏极为严重，与果树争水、争肥，严重影响果树的生长。花果期全年，种子繁殖率极高。

【分布危害】分布于中国海南各地；广东、广西、福建、香港、澳门等。原产于南美洲，1980年在中国香港发现，2003年在海南儋州采到标本。假臭草在各种生境下广泛入侵，生长迅速并成为优势种群；与本地低矮植物争夺生长资源，严重影响本地生物多样性，特别是在南方果园中，扩张性极强，可以覆盖整片果园地面，其根对土壤肥力吸收能力强大，因而影响果树结实生长；同时能够分泌一种有毒的恶臭物质，影响家畜觅食。

【防治方法】

（1）物理防治：对假臭草入侵时间短、发生范围小且数量少的地区可采用物理防治的方法（如人工清除）进行防除。由于假臭草可以进行无性繁殖，茎部及嫩枝可生出新根在土中成活，所以拔除须彻底，以防其再次生长。

（2）化学防治：在荒地上及多年生果园可以使用草甘膦有效成分60~120克/亩，或草铵膦有效成分40~60克/亩。农田中豆科作物田，苗后早期使用氟磺胺草醚有效成分15~30克/亩（或根据作物调整为其他二苯醚类除草剂）；甘蔗种植田等可使用2甲4氯有效成分15~30克/亩，或使用辛酰溴苯腈有效成分12~30克/亩。

假臭草

① 植株　② 茎　③ 花及果枝

17. 南美蟛蜞菊

【学名】 *Sphagneticola trilobata*（Linnaeus）Pruski

【别名】 三裂叶蟛蜞菊

【科属】 菊科蟛蜞菊属

【形态特征】 茎横卧地面，茎长可达2米以上；叶对生，革质，叶面粗糙有毛，叶上有3裂，因而也叫三裂叶蟛蜞菊；头状花序，多单生，外围雌花1层，舌状，顶端2~3齿裂，黄色，中央两性花，黄色，结实；瘦果有棱，先端具刚毛。

【生境习性】 多年生草本。它既能耐盐碱，又能耐旱或耐湿，喜好干热环境，其发达的匍匐茎节可以迅速生根，占领新生境，能够排挤本地植物，最终形成单优群落。花期极长、终年可见花，以夏至秋季盛开为主。

【分布危害】 分布于中国海南各地；目前广泛分布在我国华南地区。原产于南美洲，多年生常绿草本植物，在非洲、澳洲、北美洲和亚洲等地均有广泛分布，现已被列为世界上100种恶性入侵种之一。南美蟛蜞菊于20世纪70年代作为地被植物引入中国，现已严重破坏了引入地的生态系统，降低了物种多样性和丰富度。

【防治方法】

（1）物理防治：对南美蟛蜞菊入侵时间短、发生范围小且数量少的地区可采用物理防治的方法（如人工清除）进行防除。由于南美蟛蜞菊依靠无性繁殖，茎部可生出新根在土中成活，所以拔除须彻底，以防其再次生长。

（2）化学防治：在非耕地及荒地可以使用草甘膦有效成分80~120克/亩，或草铵膦有效成分50克/亩以上，或三氯吡氧乙酸有效成分60克/亩。

南美蟛蜞菊
① 植株
② 叶片
③ 花序
④ 茎
⑤ 群体

18. 肿柄菊

【**学名**】*Tithonia diversifolia* A. Gray.

【**别名**】假向日葵

【**科属**】菊科肿柄菊属

【**形态特征**】茎直立，有粗壮的分枝，被稠密的短柔毛或通常下部脱毛。叶卵形或卵状三角形或近圆形，3~5深裂，有长叶柄，上部的叶有时不分裂，裂片卵形或披针形，边缘有细锯齿，下面被尖状短柔毛，沿脉的毛较密，基出三脉。头状花序大，顶生于假轴分枝的长花序梗上。总苞片4层，外层椭圆形或椭圆状披针形，基部革质；内层苞片长披针形，上部叶质或膜质，顶端钝。舌状花1层，黄色，舌片长卵形，顶端有不明显的3齿；管状花黄色。瘦果长椭圆形，扁平，被短柔毛。

【**生境习性**】一年生草本。肿柄菊为喜光植物，农田、大小河流两侧、公路旁、荒野山坡、村寨附近、农田周围、荒地、向阳林窗、村寨等地常见。花果期9—11月。

【**分布危害**】分布于中国海南儋州、白沙、昌江、琼中、五指山、保亭、东方等县市；云南、广西、广东、福建、台湾等省（自治区）已普遍分布。原产墨西哥及中美洲地区，曾作为观赏植物、绿肥和防止土壤侵蚀植物被广泛引种到亚洲、非洲、北美、澳洲的许多国家和地区。受干扰和破坏的环境中，肿柄菊迅速占领生态位，对当地生物多样性构成极大的威胁，对生态环境造成严重破坏，影响生物多样性；同时肿柄菊会对其他植物有化感作用，能形成单一优势种群落，给农业生产带来不便，也给鼠类、害虫提供了隐蔽场所，从而影响农作物产量和品质。

【**防治方法**】

（1）物理防治：对肿柄菊入侵时间短、发生范围小且数量少的地区可采用物理防治的方法（如人工清除）进行防除。

（2）化学防治：在非耕地及荒地可以使用草甘膦有效成分80~120克/亩，或草铵膦有效成分50克/亩以上，或苯磺隆有效成分1克/亩，或三氯吡氧乙酸有效成分60克/亩。

肿柄菊
① 植株
② 叶片
③ 花序

19. 金腰箭

【**学名**】*Synedrella nodiflora*（Linnaeus）Gaertne

【**科属**】菊科金腰箭属

【**形态特征**】茎直立，二歧分枝，被贴生粗毛或后脱毛。下部和上部叶具柄，宽卵形或卵状披针形，基部下延成翅状宽柄，两面被贴生、基部疣状糙毛。头状花序常2～6簇生于叶腋，或在顶端聚集成扁球状，稀单生；小花黄色；总苞卵形或长圆形，苞片数个，外层绿色，被贴生糙毛，内层干膜质，背面被疏糙毛或无毛；托片线形。舌状花舌片椭圆形，顶端2浅裂；管状花向上渐扩大，檐部4浅裂。雌花瘦果，深黑色，翅缘各有6～8个长硬尖刺；冠毛2；两性花瘦果倒锥形或倒卵状圆柱形，黑色；冠毛2～5，叉开。

【**生境习性**】一年生草本。生于路边、屋旁和田野草地，适合湿润的环境。花期4—10月，果期6—12月。以种子繁殖，繁殖能力极强。

【**分布危害**】分布于中国海南各地；云南、广东、广西、福建、香港、台湾。原产于美洲热带地区，1912年在中国香港常见。危害旱作、玉米、大豆、甘薯、木薯、菜园、果园及胶园，为主要杂草。

【**防治方法**】

（1）物理防治：在种子成熟前人工将金腰箭连根拔除。

（2）化学防治：在荒地上及多年生果园可以使用草甘膦有效成分50～120克/亩，或草铵膦有效成分30～40克/亩，或草甘膦分别与2甲4氯、乙羧氟草醚混用。

金腰箭

① 植株　② 叶片　③ 花序

20. 羽芒菊

【**学名**】*Tridax procumbens* Linnaeus

【**科属**】菊科羽芒菊属

【**形态特征**】茎平卧，被倒向糙毛或脱毛，节处常生多数不定根。基部叶略小，花期凋萎；中部叶披针形或卵状披针形，边缘有粗齿和细齿，基部渐窄或近楔形，两面被基部为疣状的糙伏毛；上部叶小，有粗齿或基部近浅裂，具短柄。头状花序少数，单生于茎、枝顶端，花序梗长，被白色疏毛；总苞钟形，总苞片2~3层，外层绿色，内层无毛，干膜质，最内层线形，鳞片状；花托稍突起，托片端芒尖或近于凸尖。雌花1层，舌状，被毛；两性花多数。瘦果，密被疏毛。冠毛上部污白色，下部黄褐色，羽毛状。

【**生境习性**】多年生铺地草本。生长在砂土及壤土上，耐贫瘠、干旱，对土壤酸性至碱性都能适应，常生于沙地、荒地、坡地和田边；危害旱作、果园及胶园，为常见杂草。花期11月至翌年3月或全年。以种子及地下芽繁殖。

【**分布危害**】分布于中国海南各地；云南、广东、福建、香港、台湾等地。原产于美洲热带地区，1933年在中国台湾采到标本，1947年在海南和广东发现。印度、中南半岛及印度尼西亚也有。

【**防治方法**】

（1）物理防除：耕翻将根和地下芽翻出地面使羽芒菊干死，同时配合清除田边杂草、净化灌溉水、腐熟有机肥等措施以减少种子来源。

（2）化学防治：在荒地上及多年生果园可以使用草甘膦有效成分60~120克/亩，或草铵膦有效成分40~60克/亩。农田中豆科作物田，苗后早期可使用氟磺胺草醚有效成分15~25克/亩（或根据作物调整为其他二苯醚类除草剂）；可使用甲氧咪草烟有效成分3~4克/亩（或根据作物调整为其他咪唑啉酮类除草剂）。

羽芒菊

① 植株

② 叶片

③ 花序

④ 果枝

五、旋花科 Convolvulaceae

21. 五爪金龙

【学名】*Ipomoea cairica*（L.）Sweet

【别名】假土瓜藤、黑牵牛、牵牛藤、上竹龙、五爪龙

【科属】旋花科番薯属

【形态特征】全体无毛，老时根上具块根。茎细长。叶掌状5深裂或全裂；叶柄基部具小的掌状5裂的假托叶（腋生短枝的叶片）。聚伞花序腋生，花序梗长2～8厘米，具1～3花，或偶有3朵以上；苞片及小苞片均小，早落；花梗长0.5～2厘米，有时具小疣状突起；萼片稍不等长，外方2片较短，卵形，外面有时有小疣状突起，内萼片稍宽，萼片边缘干膜质；花冠紫红色、紫色或淡红色，偶有白色，漏斗状；雄蕊不等长，花丝基部稍扩大下延贴生于花冠管基部以上，被毛；子房无毛，花柱纤细，长于雄蕊，柱头2球形。蒴果近球形，2室，4瓣裂。种子黑色，长约5毫米，边缘被褐色柔毛。

【生境习性】多年生缠绕草本。喜欢开阔、干旱的生境，常生长于荒地、海岸边、矮树林、灌丛、山地林、溪沟边等生境。

【分布危害】分布于中国海南各地；台湾、福建、广东及其沿海岛屿、广西、云南。原产于热带亚洲或非洲，现已广泛栽培或归化于全热带。五爪金龙为广布我国华南地区的入侵性外来植物，攀缘于乔木、灌木和草本植物，影响森林植被的维持和生物多样性，现已被我国列入"第四批外来入侵物种名单"。

【防治方法】

（1）化学防治：对生长在非作物地的五爪金龙，可以使用草甘膦有效成分60～120克/亩，或草铵膦有效成分40～60克/亩，或使用2甲4氯有效成分15～30克/亩。

（2）生物防治：利用天敌昆虫甘薯天蛾（*Agrius convolvuli*）和甘薯蜡龟甲（*Laccoptera quadrimaculata*）控制五爪金龙。

（3）物理防治：在五爪金龙开花后未结实之时，防止其后代进一步的大规模繁殖和扩散，割断五爪金龙的茎部，并及时处理地上部分。五爪金龙不能再生的最长茎段在不同的季节里和光照环境下有所差异，但尽量切割至1厘米能更有效防止五爪金龙的再生。

五爪金龙

① 植株

② 花

六、大戟科 Euphorbiaceae

22.飞扬草

【**学名**】*Euphorbia hirta* Linnaeus

【**别名**】飞相草、乳籽草、大飞扬

【**科属**】大戟科大戟属

【**形态特征**】根纤细，常不分枝，偶3～5分枝。茎单一，自中部向上分枝或不分枝，被褐色或黄褐色的多细胞粗硬毛。叶对生，披针状长圆形、长椭圆状卵形或卵状披针形，先端极尖或钝，基部略偏斜；边缘于中部以上有细锯齿，中部以下较少或全缘；叶面绿色，叶背灰绿色，有时具紫色斑，两面均具柔毛，叶背面脉上的毛较密；叶柄极短。花序多数，于叶腋处密集成头状，基部无梗或仅具极短的柄，变化较大，且具柔毛；总苞钟状，高与直径各约1毫米，被柔毛，边缘5裂，裂片三角状卵形；腺体4，近于杯状，边缘具白色附属物；雄花数枚，微达总苞边缘；雌花1枚，具短梗，伸出总苞之外；子房三棱状，被少许柔毛；花柱3，分离；柱头2浅裂。蒴果三棱状，被短柔毛，成熟时分裂为3个分果爿。种子近圆状四棱，每个棱面有数个纵槽，无种阜。花果期6—12月。

【**生境习性**】一年生草本。生于路旁、草丛、灌丛及山坡，多见于沙质土。花果期为8—10月。种子繁殖。

【**分布危害**】分布于中国海南各地；广东、广西、湖南、云南、贵州、江西、福建、台湾。原产于美洲热带地区。危害旱作、果园、胶园、茶园、绿地等，为常见杂草。

【**防治方法**】

（1）物理防治：可在飞扬草开花前采用人工拔除进行清除。

（2）化学防治：在荒地上可以使用草甘膦有效成分60～120克/亩，或草铵膦有效成分50～80克/亩，或甲咪唑烟酸有效成分5～10克/亩，或甲酰氨基嘧磺隆有效成分2～4.5克/亩。

飞扬草

① 植株　② 花枝

23. 匍匐大戟

【学名】*Euphorbia prostrata* Ait.

【科属】大戟科大戟属

【形态特征】根纤细，长7~9厘米。茎匍匐状，自基部多分枝，长15~19厘米，通常呈淡红色或红色，少绿色或淡黄绿色，无毛或被少许柔毛。叶对生，椭圆形至倒卵形，先端圆，基部偏斜，不对称，边缘全缘或具不规则的细锯齿；叶面绿色，叶背有时略呈淡红色或红色；叶柄极短或近无；托叶长三角形，易脱落。花序常单生于叶腋，少为数个簇生于小枝顶端，具2~3毫米的柄；总苞陀螺状，高约1毫米，直径近1毫米，常无毛，少被稀疏的柔毛，边缘5裂，裂片三角形或半圆形；腺体4，具极窄的白色附属物。雄花数个，常不伸出总苞外；雌花1枚，子房柄较长，常伸出总苞之外；子房于脊上被稀疏的白色柔毛；花柱3，近基部合生；柱头2裂。蒴果三棱状，长约1.5毫米，直径约1.4毫米，除果棱上被白色疏柔毛外，其他无毛。种子卵状四棱形，长约0.9毫米，直径约0.5毫米，黄色，每个棱面上有6~7个横沟；无种阜。

【生境习性】一年生草本。喜光，可以在含有沙子、砾石或黏土的贫瘠土壤生长，也适应于肥沃土壤。常生长于秋熟旱作田、路旁、屋旁、荒地、灌丛等生境。花果期4—10月。

【分布危害】分布于中国海南各地；福建、云南、江苏、广东、湖北等地。原产于美洲热带地区。对秋旱作物及路边、宅旁杂草产生危害，由于繁殖力强，对入侵地生物多样性造成严重影响。

【防治方法】参考飞扬草。

匍匐大戟

① 植株

② 地上部分

七、豆科 Fabaceae

24. 毛蔓豆

【学名】 *Calopogonium mucunoides* Desvaux

【科属】 豆科毛蔓豆属

【形态特征】 全株被黄褐色长硬毛。羽状复叶具3小叶；托叶三角状披针形，长4~5毫米；叶柄长4~12厘米；顶生小叶卵状菱形，侧生小叶卵形，偏斜，长4~10厘米，先端急尖或钝，基部宽楔形或圆。总状花序长短不一，苞片和小苞片线状披针形，长约5毫米；花簇生于花序轴的节上。萼筒近无毛，萼齿线状披针形，长于萼筒，密被长硬毛；花冠淡紫色，旗瓣卵形，翼瓣倒卵状长圆形，龙骨瓣劲直；花药圆形；子房密被长硬毛，胚珠5~6颗。荚果线状长椭圆形，长2~4厘米，宽约4毫米，直或稍弯，被褐色长刚毛，种子5~6颗。

【生境习性】 多年生缠绕或平卧草本。生于田边、草地、荒地、林边。

【分布危害】 分布于中国海南各地；广东南部、广西南部、云南西双版纳。原产于圭亚那。危害甘蔗园、果园、胶园及路埂。

【防治方法】

（1）物理防治：对毛蔓豆入侵时间短、发生范围小且数量少的地区可采用机械耕翻或人工拔除进行清除。

（2）化学防治：在荒地上可以使用草甘膦有效成分60~120克/亩，或草铵膦有效成分50~80克/亩，或二氯吡啶酸有效成分15~35克/亩，或氟嘧磺隆有效成分10~30克/亩。

①

毛蔓豆
① 植株
② 叶片
③ 花枝
④ 果枝

25. 光萼猪屎豆

【**学名**】*Crotalaria trichotoma* Bojer

【**别名**】南美猪屎豆、光萼野百合、光萼响铃豆、南美响铃豆

【**科属**】豆科猪屎豆属

【**形态特征**】植株高达2米。茎枝圆柱形，具小沟纹，被短柔毛。托叶极细小，钻状，长约1毫米；叶三出，叶柄长3～5厘米，小叶长椭圆形，两端渐尖，长6～10厘米，宽1～2（3）厘米，先端具短尖，上面绿色，光滑无毛，下面青灰色，被短柔毛；小叶柄长约2毫米。总状花序顶生，有花10～20朵，花序长达20厘米；苞片线形，小苞片与苞片同形，稍短小，生花梗中部以上；花梗长3～6毫米，在花蕾时挺直向上，开花时屈曲向下，结果时下垂；花萼近钟形，5裂，萼齿三角形，约与萼筒等长，无毛；花冠黄色，伸出萼外，旗瓣圆形，基部具胼胝体2枚，先端具芒尖，翼瓣长圆形，约与旗瓣等长，龙骨瓣最长，稍弯曲，中部以上变狭，形成长喙，基部边缘具微柔毛；子房无柄。荚果长圆柱形，幼时被毛，成熟后脱落，果皮常呈黑色，基部残存宿存花丝及花萼；种子20～30颗，肾形，成熟时朱红色。

【**生境习性**】草本或亚灌木。喜温暖湿润气候，耐贫瘠、耐阴、耐酸，还能在黏土、砂土，甚至在半风化岩石碎片地上生长，具有粗生易种的特点，生于海拔100～1 000米的田园路边及荒山草地。花果期4—12月。

【**分布危害**】分布于中国海南海口、琼海、琼中等县市；现栽培或逸生于福建、台湾、湖南、广东、广西、四川、云南等省区。原产于南美洲。由于繁殖力强，有较高的入侵性和危害风险。

【**防治方法**】

（1）物理防治：在种子成熟前人工将光萼猪屎豆连根拔除。

（2）化学防治：在荒地上可以使用草甘膦有效成分60～120克/亩，或草铵膦有效成分50～80克/亩，或二氯吡啶酸有效成分15～35克/亩。菠萝、甘蔗种植田等可以使用莠灭净有效成分60～300克/亩。

光萼猪屎豆

①植株　②叶片　③花序　④幼荚　⑤成熟荚果

26. 光荚含羞草

【**学名**】*Mimosa bimucronata*（Candolle）O. Kuntze

【**别名**】簕仔树

【**科属**】豆科含羞草属

【**形态特征**】枝疏生刺；小枝无刺，密被黄色茸毛。二回羽状复叶，羽片6～7对，叶轴无刺，被短柔毛，小叶12～16对，线形，革质，先端具小尖头，除边缘疏具缘毛外，余无毛，中脉略偏上缘。头状花序球形；花白色；花萼杯状，极小；花瓣长圆形，长约2毫米，仅基部连合；雄蕊8，花丝长4～5毫米。荚果带状，劲直，无刺毛，褐色，通常有5～7个荚节，成熟时荚节脱落而残留荚缘。

【**生境习性**】多年生落叶灌木。分布于荒废果园、村边、路边、沟谷溪边或丘陵荒坡上，农作间隔时间长的农田、果园，以及人工干扰频繁的路边和宅旁，尤其偏爱靠近河溪旁的水湿处少乔木或无乔木光照条件好的地段，是一种喜光、喜湿的植物。适应性极强，可在多种土质条件下生长，且耐热、耐涝、耐旱。种子可在较广的温度范围内（15～40℃）发芽。

【**分布危害**】分布于中国海南各地；广东、广西、福建、江西、云南、香港、澳门等地。原产于热带美洲。光荚含羞草有性繁殖和无性繁殖2种繁殖方式，繁殖体数量大，传播范围广，生长迅速，繁殖能力强，再生能力很强，能够在较短时间内形成单优群落，排挤当地物种，影响群落的自然演替。

【**防治方法**】

（1）物理防治：主要是通过人工拔除和刈割等方式防治光荚含羞草，遏制其向更大范围扩散。

（2）生物防治：平利短肛棒䗛（*Baculum pingliense*）在广西博白专门取食光荚含羞草，具有成为控制其发育、生长蔓延的天敌的潜力。

（3）化学防治：在防火隔离带或废弃果园可以使用三氯吡氧乙酸有效成分60克/亩，或甲嘧磺隆有效成分70～200克/亩，但果园、菜地严禁用此方式。

光荚含羞草

① 植株

② 茎

③ 叶片

④ 花

27. 巴西含羞草

【学名】*Mimosa diplotricha* C. Wright ex Sauvalle

【科属】豆科含羞草属

【形态特征】茎攀缘或平卧，五棱柱状，沿棱上密生钩刺，其余被疏长毛，老时毛脱落。二回羽状复叶；总叶柄及叶轴有钩刺4~5列；羽片（4）7~8对；小叶（12）20~30对，线状长圆形，宽约1毫米，被白色长柔毛。头状花序花时连花丝直径约1厘米，1~2个生于叶腋，总花梗长5~10毫米；花紫红色，花萼极小，4齿裂；花冠钟状，中部以上4瓣裂，外面稍被毛；雄蕊8，花丝长为花冠的数倍；子房圆柱状，花柱细长。荚果长圆形，宽4~5毫米，边缘及荚节有刺毛。

【生境习性】一年生直立、亚灌木状草本。生于旷野、荒地。花果期3—9月。

【分布危害】分布于中国海南大部分市县；广东、云南；原产巴西。危害旱作、果园、胶园、木薯、路边、荒地。

【防治方法】

（1）物理防治：对巴西含羞草入侵时间短、发生范围小且数量少的地区可采用机械耕翻进行防除。

（2）化学防治：在非耕地及荒地可以使用草甘膦有效成分80~120克/亩，或草铵膦有效成分50克/亩以上，或三氯吡氧乙酸有效成分60克/亩；或甲嘧磺隆有效成分70~200克/亩，但果园、菜地严禁用此方法。

①

巴西含羞草
①幼苗 ②植株 ③茎 ④钩刺 ⑤花序 ⑥果枝

28. 含羞草

【学名】*Mimosa pudica* Linnaeus

【别名】怕羞草、害羞草、怕丑草、呼喝草、知羞草

【科属】豆科含羞草属

【形态特征】枝披散、高可达1米；茎圆柱状，具分枝，有散生、下垂的钩刺及倒生刺毛。托叶披针形，长0.5～1厘米，被刚毛。羽片和小叶触之即闭合而下垂；羽片通常2对，指状排列于总叶柄顶端，长3～8厘米；小叶10～20对，线状长圆形，长0.8～1.3厘米，先端急尖，边缘具刚毛。头状花序圆球形，具长花序梗，单生或2～3个生于叶腋；花小，淡红色，多数；苞片线形。花萼极小；花冠钟状，裂片4，外面被短柔毛；雄蕊4，伸出花冠；子房有短柄，无毛，胚珠3～4，花柱丝状，柱头小。荚果长圆形，长1～2厘米，扁平，稍弯曲，荚缘波状，被刺毛，成熟时荚节脱落，荚缘宿存；种子卵圆形，长约3.5毫米。

【生境习性】多年生亚灌木状草本，生于旷野荒地、灌木丛中，长江流域常有栽培。花期3—10月，果期5—11月。

【分布危害】分布于中国海南各地；华东、华南、西南。原产于美洲热带，现广布于世界热带地区。危害旱作地、果园、草地、路埂。

【防治方法】参考巴西含羞草。

②

③

④

⑤

含羞草

① 植株

② 叶片

③ 花序

④ 幼荚

⑤ 成熟果荚

八、锦葵科 Malvaceae

29. 赛葵

【学名】*Malvastrum coromandelianum*（Linnaeus）Garcke

【别名】黄花棉、黄花草

【科属】锦葵科赛葵属

【形态特征】高可达1米，疏被星状粗毛。叶卵形或卵状披针形，长2～6厘米，先端钝尖，基部宽楔形或圆，具粗齿，上面疏被长毛，下面疏被长毛和星状长毛；叶柄长0.5～3厘米，密被长毛，托叶披针形，长约5毫米。花单生叶腋。花梗长约5毫米，被长毛；小苞片3，线形，疏被长毛；花萼浅杯状，长约8毫米，5裂，裂片卵形，基部合生，疏被星状长毛和单长毛；花冠黄色，径约1.5厘米，花瓣5，倒卵形，长约8毫米；雄蕊柱长约6毫米，无毛；花柱分枝8～15个，柱头头状。分果扁球形，直径约6毫米；分果爿8～15枚，肾形，近顶端具芒刺1条，背部被毛，具芒刺2条。种子肾形。

【生境习性】多年生亚灌木状草本。生于平地路旁。

【分布危害】分布于中国海南各地；广西、广东、福建、台湾、云南等省区。原产于美洲。危害旱作、路埂、绿地，为主要杂草。

【防治方法】

（1）物理防治：在种子成熟前人工将赛葵连根拔除。

（2）化学防治：在荒地上及多年生果园可以使用草甘膦有效成分50～120克/亩，或草铵膦有效成分30～40克/亩。花生、甘蔗种植田等可以使用乙氧氟草醚有效成分6～12克/亩，或氯氟吡氧乙酸有效成分100～200克/亩。

赛葵

① 幼苗

② 植株

③ 花枝

④ 果枝

九、西番莲科 Passifloraceae

30. 龙珠果

【学名】*Passiflora foetida* L.

【别名】龙眼果、假苦果、龙须果、龙珠草、肉果、野仙桃、香花果、西番莲

【科属】西番莲科西番莲属

【形态特征】长数米，有臭味；茎具条纹并被平展柔毛。叶膜质，宽卵形至长圆状卵形，先端3浅裂，基部心形，边缘呈不规则波状，通常具头状缘毛，上面被丝状伏毛，并混生少许腺毛，下面被毛，其上部有较多小腺体，叶脉羽状，侧脉4~5对，网脉横出；叶柄长2~6厘米，密被平展柔毛和腺毛，不具腺体；托叶半抱茎，深裂，裂片顶端具腺毛。聚伞花序退化仅存1花，与卷须对生。花白色或淡紫色，具白斑，直径2~3厘米；苞片3，一至三回羽状分裂，裂片丝状，顶端具腺毛；萼片5，外面近顶端具1角状附属器；花瓣5，与萼片等长；外副花冠裂片3~5轮，丝状，外2轮裂片长4~5毫米，内3轮裂片长约2.5毫米；内副花冠非褶状，膜质；具花盘，杯状，高1~2毫米；雌雄蕊柄长5~7毫米；雄蕊5，花丝基部合生，扁平；花药长圆形；子房椭圆球形，具短柄，被稀疏腺毛或无毛；花柱3（4），柱头头状。浆果卵圆球形，无毛；种子多数，椭圆形，草黄色。

【生境习性】多年生草质藤本，常见逸生于海拔120~500米的草坡路边。花期7—8月，果期翌年4—5月。

【分布危害】分布于中国海南各地；广西、广东、云南、台湾。原产于西印度群岛，现为泛热带杂草。

【防治方法】

（1）物理防治：在果实成熟前人工将龙珠果根部拔除。

（2）化学防治：在非耕地可以使用草甘膦有效成分50~120克/亩，或草铵膦有效成分30~40克/亩，或二氯吡啶酸有效成分7.5~35克/亩。

龙珠果

① 植株

② 花

③ 幼果

十、车前科 Plantaginaceae

31. 野甘草

【学名】*Scoparia dulcis* Linnaeus

【别名】冰糖草

【科属】玄参科野甘草属

【形态特征】茎多分枝，枝有棱角及窄翅，无毛。叶菱状卵形或菱状披针形，枝上部叶较小而多，先端钝，基部长渐窄、全缘而成短柄，前半部有齿，齿有时颇深多少缺刻状而重出，有时近全缘，两面无毛。花单朵或更多成对生于叶腋；无小苞片；花萼分生，萼齿4，卵状长圆形，具睫毛；花冠小，白色，有极短的管，喉部生有密毛，4瓣花片，上方1枚稍大，钝头，边缘有啮痕状细齿；雄蕊4，近等长，花药箭形；花柱直，柱头截形或凹入。蒴果室间室背均开裂，中轴胎座宿存。

【生境习性】一年生或极少多年生草本，或为半灌木。喜生于荒地、路旁，亦偶见于山林。

【分布危害】分布于中国海南各地；广东、广西、香港、福建、台湾、云南、上海。原产于美洲热带，现已广布于全球热带。危害旱作、荒地、路埂，为常见杂草，可成片发生。

【防治方法】

（1）物理防治：在种子成熟前人工将野甘草根部拔除。

（2）化学防治：在非耕地可以使用草甘膦有效成分50～120克/亩，或草铵膦有效成分30～40克/亩，或二氯吡啶酸有效成分7.5～35克/亩，或苯唑草酮有效成分4～6克/亩。

①

野甘草

① 植株

② 群体

③ 花枝

十一、茜草科 Rubiaceae

32. 墨苜蓿

【**学名**】*Richardia scabra* Linnaeus

【**别名**】美洲茜草

【**科属**】茜草科墨苜蓿属

【**形态特征**】长可达80厘米。茎被硬毛，分枝疏。叶厚纸质，卵形、椭圆形或披针形，长1～5厘米，宽0.5～2.5厘米，先端短尖或钝，基部渐窄，两面粗糙，有缘毛，侧脉约3对；叶柄长0.5～1厘米，托叶鞘状，顶部平截，边缘有数条长2～5毫米刚毛。头状花序多花，顶生，几无花序梗，有1～2对叶状苞片。花5朵或6朵；花萼长2.5～3.5毫米，萼筒顶部缢缩，裂片披针形，长为萼筒2倍，被缘毛；花冠白色，漏斗状或高脚碟状，冠筒长2～8毫米，内面基部有一环白色长毛，裂片6，花时星状展开；雄蕊6；柱头3裂。分果瓣3～6，长2～3.5毫米，长圆形或倒卵形，背面密被小乳突和糙伏毛，腹面有窄沟槽，基部微凹。

【**生境习性**】一年生匍匐或近直立草本。喜湿润、温暖气候，喜水质土壤，但适应性较强。常生长于农田、草坪、路边荒地。花期春夏间。

【**分布危害**】分布于中国海南大部分县市；香港、广东博罗县罗浮山等地。原产于热带美洲。危害果园、农田、路埂，成片生长，是一种危害旱地作物的恶性杂草。

【**防治方法**】参考阔叶丰花草。

①

墨苜蓿

① 幼苗　② 植株

③ 茎　　④ 花序

⑤ 果枝

33. 阔叶丰花草

【学名】 *Spermacoce alata* Aublet

【别名】 四方骨草

【科属】 茜草科纽扣草属

【形态特征】 植株披散、粗壮，被毛；茎和枝均为明显的四棱柱形，棱上具狭翅。叶面平滑；托叶膜质，被粗毛，顶部有数条长于鞘的刺毛。花数朵丛生于托叶鞘内，无梗；小苞片略长于花萼；萼管圆筒形，被粗毛，萼檐4裂；花冠漏斗形，浅紫色，罕有白色，里面被疏散柔毛，基部具1毛环，顶部4裂，裂片外面被毛或无毛；柱头2，裂片线形。蒴果椭圆形，被毛，成熟时从顶部纵裂至基部，隔膜不脱落或1个分果爿的隔膜脱落；种子干后浅褐色或黑褐色，无光泽，有小颗粒。

【生境习性】 多年生草本。生长快，多见于废墟、荒地。花果期5—7月，种子繁殖。

【分布危害】 分布于中国海南各地；广东南部、福建南部、广西、台湾、香港。原产于南美洲各地。田园、路埂常见杂草。阔叶丰花草生长繁殖迅速，易形成单一优势种群，在甘蔗、花生、蔬菜等旱作田和果园等危害较严重。

【防治方法】 对阔叶丰花草的防除，一定要坚持治早治小的原则和持之以恒、综合防治的办法，才能收到明显的效果。

（1）化学防治：在柑橘园的试验发现，用高剂量的草甘膦（有效成分130克/亩）进行茎叶喷雾，对阔叶丰花草有一定防治效果；有效成分为90~120克/亩的草铵膦药后30天的鲜重防效为94%~99%。甘蔗田中的阔叶丰花草用有效成分为2~4克/亩的三氟啶磺隆钠盐防治，防效接近100%。

（2）人工防治：阔叶丰花草茎叶多汁，具有不耐高温、荫蔽和脱水的特点，在发生初期或开花结果前结合中耕管理将其拔除或铲除，同时认真清理和处理其残体（如烧毁或用作沤肥），尽可能降低其长势和繁殖力。

阔叶丰花草

① 幼苗

② 植株

③ 茎

④ 叶片

十二、茄科 Solanaceae

34. 苦蘵

【学名】*Physalis angulata* Linnaeus

【科属】茄科酸浆属

【形态特征】植株被疏短柔毛或近无毛，高30～50厘米；茎多分枝，分枝纤细。叶柄长1～5厘米，叶片卵形至卵状椭圆形，顶端渐尖或急尖，基部阔楔形或楔形，全缘或有不等大的牙齿，两面近无毛，长3～6厘米，宽2～4厘米。花梗长约5～12毫米，纤细，被短柔毛，长4～5毫米，5中裂，裂片披针形，生缘毛；花冠淡黄色，喉部常有紫色斑纹，长4～6毫米，直径6～8毫米；花药蓝紫色或有时黄色，长约1.5毫米。果萼卵球状，直径1.5～2.5厘米，薄纸质，浆果直径约1.2厘米。种子圆盘状，长约2毫米。

【生境习性】一年生草本。常生于海拔500～1 500米的山谷林下及村边路旁。花果期5—12月。

【分布危害】分布于中国海南各地；华东、华中、华南、西南。原产美洲。为秋收作物田常见杂草，发生量大，危害严重。

【防治方法】

（1）物理防治：在苦蘵未成株前连根拔除。

（2）化学防治：在荒地上及多年生果园可以使用草甘膦有效成分60～120克/亩，或草铵膦有效成分40～60克/亩，早期使用氟磺胺草醚有效成分15～30克/亩。

苦蘵

①植株　②花　③果

35. 水茄

【学名】*Solanum torvum* Swartz

【别名】野茄子、刺茄

【科属】茄科茄属

【形态特征】植株高2～3米。小枝疏具基部宽扁的皮刺，皮刺淡黄色，基部疏被星状毛，尖端略弯曲。叶单生或双生，卵形或椭圆形，长6～16（19）厘米，先端尖，基部心形或楔形，两侧不等，半裂或波状，裂片常5～7，下面中脉少刺或无刺，侧脉3～5对，有刺或无刺；叶柄长2～4厘米，具1～2刺或无刺。小枝、叶、叶柄、花序梗、花梗、花萼、花冠裂片均被星状毛，或兼有腺毛；浆果球形，黄色，无毛，直径1～1.5厘米；果柄长约1.5厘米。全年均开花结果。

【生境习性】多年生灌木。喜湿润、疏松、肥沃土壤，常生长于海拔200～1 650米的路旁、荒地、山坡灌丛、沟谷、村庄附近等生境。

【分布危害】分布于中国海南各地；云南、广西、广东、台湾。普遍分布于热带印度，东至缅甸、泰国，南至菲律宾、马来西亚，也分布于热带美洲。为路旁和荒野杂草，影响景观。有时入侵旱地作物田。有刺杂草，植株及果含龙葵碱，误食后可导致人畜中毒。

【防治方法】

（1）物理防治：在水茄未成株前连根拔除。

（2）化学防治：在荒地上及多年生果园可以使用草甘膦有效成分60～120克/亩，或草铵膦有效成分40～60克/亩，早期可以使用辛酰溴苯腈有效成分20～30克/亩。

①

②

③

水茄

① 植株

② 叶片

③ 茎

水茄

④花序　⑤果

第二章

单子叶植物

十三、天南星科 Araceae

36. 大薸

【**学名**】*Pistia stratiotes* Linnaeus

【**别名**】水浮莲

【**科属**】天南星科大薸属

【**形态特征**】植株有多数长而悬垂的根，须根羽状，密集。叶簇生成莲座状，叶片常因发育阶段不同而形状各异，有倒三角形、倒卵形、扇形，以及倒卵状长楔形，长1.3～10厘米，宽1.5～6厘米，先端截头状或浑圆，基部厚，二面被毛，基部尤为浓密；叶脉扇状伸展，背面明显隆起成褶皱状。佛焰苞白色，长约0.5～1.2厘米，外被茸毛。

【**生境习性**】多年生浮水草本植物。适宜于在平静的淡水池塘、沟渠中生长，尤其喜欢富营养化的水体。花期5—11月。

【**分布危害**】分布于中国海南各地；福建、台湾、广东、广西、云南、四川、重庆、贵州、安徽、湖南、湖北、江苏、浙江、山东、西藏。原产于巴西。可在河流、湖泊、水库等生境下疯狂生长、繁衍，大量消耗溶解在水里的氧气，大量生长不仅严重影响水产养殖，导致沉水植物死亡，危害水生生态系统，而且易被水流冲离，带到下游湖泊、水库和静水河湾，堵塞航道，影响排水。

【**防治方法**】

（1）物理防治：通过人工或者机械对大薸进行打捞处理，或是用暂时排水的方法使之脱离水源而死。小范围内，打捞处理见效快，但当发生面积大时，劳动强度大、打捞和运输成本高，且无法清除水中的种子，防治效果不能持久，同时，打捞上来的大薸极易腐烂造成二次污染。

（2）化学防治：苄嘧磺隆在水中残留浓度大于0.01毫克/升时即可导致大薸植株大量死亡；灭草松和氟磺胺草醚对大薸防治速度快，效果好；甲氧咪草烟和五氟磺草胺对大薸有很好的防治效果。

大薸

① 植株　② 群体

十四、禾本科 Poaceae

37. 红毛草

【**学名**】*Melinis repens*（Willldenow）Zizka

【**科属**】禾本科糖蜜草属

【**形态特征**】根茎粗壮。秆直立，常分枝，高可达1米，节间常具疣毛，节具软毛。叶鞘松弛，大都短于节间，下部亦散生疣毛；叶舌为长约1毫米的柔毛组成；叶片线形。圆锥花序开展，分枝纤细，长可达8厘米。小穗长约5毫米，常被粉红色绢毛；小穗柄纤细弯曲，顶端稍膨大，疏生长柔毛。第一颖小，条形，长约为小穗的1/5，被粉红色柔毛；第二颖等长于小穗，革质，被疣基长绢毛，帽状，上部延伸成喙，先端微裂，裂齿间生1短芒；第一小花雄性，其外稃与第二颖等长，同质、同形，但稍狭，内稃膜质，具2脊，脊上有睫毛；第二外稃成熟后近软骨质，平滑光亮，内稃与外稃近等长，稍宽，具2脊；鳞被2；雄蕊3，花丝极短，花药长约2毫米；花柱分离，柱头羽毛状。

【**生境习性**】多年生草本。生于河边、草地、果园、宅旁。

【**分布危害**】分布于中国海南大部分市县和西沙群岛；广东、广西、福建、香港、台湾等省区。原产于南非。1950年引种海南。危害木薯园、胶园、剑麻园等，常成片生长，形成单一优势种群。

【**防治方法**】参考石茅。

红毛草

① 植株

② 茎节

③ 花序

④ 成熟花序

⑤ 群体

38. 大黍

【学名】 *Panicum maximum* Jacquin

【别名】 坚尼草

【科属】 禾本科黍属

【形态特征】 根茎粗壮。秆直立，光滑，较粗壮，高1～3米；节上密生柔毛。叶鞘具纵条纹，疏生疣基毛，老时毛脱落而瘤基宿存；叶舌膜质，长约1.5毫米，被长纤毛；叶片宽线形，质较硬，边缘粗糙，先端长渐尖，基部渐狭，有时呈耳状，叶面近基部被瘤基长硬毛。圆锥花序大型，开展，主轴较粗壮；分枝纤细，下部者近轮生，腋内有长柔毛。小穗长圆形，长3～3.5毫米，先端尖，无毛。第一颖宽卵圆形，长约为小穗的1/3，先端钝或稍尖，基部包着小穗；第二颖椭圆形，与小穗等长、先端急尖；第一小花中性或雄性，外稃与第二颖同形而等长，内稃薄膜质，与外稃等长；雄蕊3，花丝极短，白色，花药暗褐色；第二小花两性，外稃长圆形，革质，边缘包卷同质内稃，两者表面均具横皱纹。

【生境习性】 多年生、簇生、高大草本。引种栽培，逸生为杂草。大黍喜高温、潮湿的气候和肥沃的土壤。在广东、广西、海南冬季无霜的条件下，终年保持青绿，同时比较耐阴。

【分布危害】 分布于中国海南各地；广东、广西、福建、云南、贵州、四川、台湾等地。原产非洲热带地区，1908年从菲律宾引入中国台湾。危害木薯园、幼林胶园、荒地，常形成优势种群。

【防治方法】 参考石茅。

大黍

① 植株

② 茎节

③ 叶舌

④ 花序

39. 石茅

【学名】 *Sorghum halepense*（Linnaeus）Persoon

【别名】 假高粱

【科属】 禾本科高粱属

【形态特征】 植株有根茎。秆单一或分枝，直立，高50～300厘米，直径粗4～6毫米，节上无毛或有平贴髯毛。叶鞘平滑无毛；叶舌膜质，长3～4毫米，先端在边缘上常有不规则齿缺及少数纤毛；叶片阔线形至线状披针形，长20～90厘米，宽1～4厘米，顶端长渐尖，基部渐狭，鞘口内侧有短柔毛，其余无毛，中脉白色而粗厚，边缘粗糙。圆锥花序长10～50厘米，花期时松散，花后常收缩，披针形至金字塔形；主轴常粗糙，下部分枝近轮生，分枝腋间常有白色柔毛，一级分枝多次复出，基部裸露，末级分枝为具1～5节的总状花序；穗轴节间及小穗均较纤细，均被柔毛；无柄小穗椭圆形至亚椭圆形，初为乳白色至浅黄色，后变为棕红色，淡紫色至淡黑色；基盘短而钝，被短毛；二颖片革质，近等长，被柔毛，成熟时背部无毛，第一颖的顶端具明显的3齿，第二颖在上部1/3处常具脊；第一外稃长圆状披针形，膜质透明，稍短于颖，被纤毛；第二外稃长圆形，膜质透明，有纤毛，先端有2微齿或2浅裂，无芒或有芒。有柄小穗通常为雄性，披针形，被毛或无毛，其颖片为草质，无芒。

【生境习性】 多年生纤细或强壮草本。多生于农田、果园、河岸、沟渠、荒野、耕地、公园、建筑工地、道路两侧、田坡、堤坝等生境，能以种子和地下茎繁殖，是宿根多年生杂草，具有极强的繁殖力、适应力和竞争力。

【分布危害】 分布于中国海南各地；辽宁、北京、河北、上海、江苏、安徽、湖南、四川、重庆、云南、广东、广西、福建、香港、台湾均有报道。原产于地中海地区。20世纪引种中国台湾，同时期在香港和广东北部发现归化。石茅为恶性农田杂草，不仅使作物产量下降，而且迅速侵占耕地，具有很强的繁殖力和竞争力，强大的根系排挤植株附近作物、果树及杂草，是多种作物田最难防除的杂草之一。

【防治方法】

（1）植物检疫：我国将它列为进境检疫对象，但在进口粮及进口牧草种子中经常检出，石茅在我国仍属局部分布，应严防扩散和传入。

（2）物理防治：对少量新发现的石茅，挖掘清除所有的地下根茎，带出并集中销毁。田间暂时积水，可抑制其生长。对作物种子中混杂的石茅种子，要使用风车、选种机等工具清除干净。

（3）化学防治：在非耕地可以使用草甘膦有效成分90～120克/亩，或草铵膦有效成分60～80克/亩，或甲嘧磺隆有效成分45克/亩。需要保留阔叶植物则使用高效氟吡甲禾灵有效成分20～35克/亩（或其他芳氧苯氧丙酸类除草剂），或可以使用烯禾啶有效成分25～40克/亩（或其他环己烯酮类除草剂）。

石茅
①植株　②幼苗
③小穗　④成熟花序

十五、雨久花科 Pontederiaceae

40. 凤眼莲

【**学名**】*Eichhornia crassipes*（Mart.）Solme

【**别名**】水葫芦、凤眼蓝

【**科属**】雨久花科凤眼莲属

【**形态特征**】植株高30～50厘米；茎极短，具长匍匐枝，和母株分离后，生出新植物。叶基生，莲座状，宽卵形或菱形，顶端圆钝，基部浅心形、截形、圆形或宽楔形，全缘，无毛，光亮，具弧状脉；叶柄长短不等，可达30厘米，中部膨胀成囊状，内有气室，基部有鞘状苞片。花葶多棱角；花多数成穗状花序；蒴果卵形。

【**生境习性**】多年生浮水草本或根生于泥中。生于海拔200～1 500米的水塘、沟渠及稻田中。

【**分布危害**】分布于中国海南各地；现广布于我国长江、黄河流域及华南各省。原产于巴西，亚洲热带地区也已广泛生长。在其发生区内，大面积成片发生会覆盖水面，堵塞河道、影响航运、阻碍排灌，还会降低水产品产量，给农业种植、水产养殖、旅游、发电等带来了极大的经济损失。

【**防治方法**】

（1）化学防治：36%草甘·氯磺可溶性粉剂300～350克/亩剂量能有效防除凤眼莲，药后28d，其株防效和鲜重防效均在93%以上。

（2）生物防治：国际上控制凤眼莲最为成功的天敌昆虫是鞘翅目象甲科的布奇水葫芦象甲（*Neochetina bruchi*）和水葫芦象甲（*N. eichhorniae*），对不同农作物均安全性较高，可用于凤眼莲生物防治。

（3）物理防治：物理防治有人工打捞法和机械法。人工打捞法见效快，但劳动强度大，成本高。机械法主要有打捞船结合粉碎机或采用全自动凤眼莲清理装置，机械法比人工清理效率高20倍以上。

（4）综合治理：单独应用任何一种防治方法都难以达到安全、持续、快速的防治效果，所以应发挥生物防治、化学防治和物理防治的各自优势，建立以污水治理为长期目标、生物防治为主要方法、化学防治为补充、人工机械打捞为辅助的凤眼莲综合治理方案。

凤眼莲

① 植株

② 根

③ 花序

④ 群体

参考文献

陈瑞屏，徐庆华，李小川，等，2003. 紫红短须螨的生物学特性及其应用研究[J]. 中南林业科技大学学报，23（2）：89-93.

陈兆杰，2017. 防除大藻和水葫芦除草剂的筛选及环境安全性评估[D]. 南宁：广西大学.

高兴祥，李美，吴宝瑞，等，2011. 32种除草剂对银胶菊的生物活性[J]. 农药，50（11）：837-840，857.

何海燕，2016. 薇甘菊的防治及其利用研究趋势[J]. 现代园艺（16）：50-51.

黄萍，陆温，郑霞林，2015. 五爪金龙的生物学特性、入侵机制及防治技术研究进展[J]. 广西植保，27（2）：36-39.

蓝来娇，马涛，朱映，等，2019. 外来入侵植物光荚含羞草的研究进展[J]. 河北林业科技，47（5）：47-52.

李华英，贾雄兵，劳恒，等，2009. 75%三氟啶磺隆钠盐水分散粒剂防除甘蔗田杂草的效果[J]. 杂草科学（3）：42-44.

李鸣光，鲁尔贝，郭强，等，2012. 入侵种薇甘菊防治措施及策略评估[J]. 生态学报，32（10）：3240-3251.

李志刚，韩诗畴，郭明昉，等，2004. 安娜珍蝶的生物学及其寄主专一性[J]. 中国生物防治学报，20（3）：170-173.

廖飞勇，夏青芳，蔡思琪，等，2015. 假高粱的生物学特征及防治对策的研究进展[J]. 草业学报，24（11）218-226.

林美宏，孔德宁，周利娟，2020. 假臭草生物学特性及防治的研究进展[J]. 中国植保导刊，40（12）：82-85.

林伟强，田志伟，林丹琪，2021. 国门生物安全科普之"恶草"假高粱[J]. 中国海关（5）：45.

刘吉峰，刘强，2011. 外来植物光荚含羞草的防治和综合利用[J]. 中国热带农业（5）：81-84.

卢永星，2021. 假高粱的识别与防治[J]. 湖南农业（2）：55.

马永林，覃建林，马跃峰，等，2013. 4种除草剂对柑橘园杂草阔叶丰花草的防除效果[J].中国南方果树，42（3）：57-58.

马永林，覃建林，马跃峰，等，2013.几种除草剂对柑橘园入侵性杂草假臭草防除效果[J].农药，52（6）：444-446.

欧翔，路涛，陈展册，等，2019.广西进口粮谷中2种苋属杂草草甘膦抗性测定[J].植物检疫，33（2）：26-29.

单家林，2009.海南岛种子植物分布新记录[J].福建林业科技，36（3）：256-259.

尚春琼，朱珣之，2019.外来植物三叶鬼针草的入侵机制及其防治与利用[J].草业科学，36（1）：47-60.

邵志芳，赵厚本，陈炳辉，等，2008.外来植物光荚含羞草的入侵研究[J].安徽农业科学，36（14）：5773-5774，5781.

史新泉，叶水英，曾海龙，2011.水葫芦生物入侵的危害、防治及其开发利用[J].景德镇高专学报，26（4）：42-43.

孙冬，2010.危险性杂草银胶菊在山东的发生危害及防除[J].植物检疫，24（2）：61-62.

太红坤，顾中量，徐云川，等，2011.检疫性杂草薇甘菊的研究进展[J].农业灾害研究（2）：59-62.

王缉健，唐福娟，1993.平利短肛棒䗛的初步研究[J].森林病虫通讯（3）：16-17.

王玲，苏晓芬，李东文，等，2011.入侵杂草五爪金龙在切割处理下的再生能力[J].热带亚热带植物学报，19（4）：339-346.

王瑞龙，陈颖，张晖，等，2013.薇甘菊萎蔫病毒寄主范围、传播媒介和危害特点[J].生态学杂志，32（1）：72-77.

王险峰，辛明远，2012.除草剂安全应用手册[M].北京：中国农业出版社.

王颖，李为花，李丹，等，2015.喜旱莲子草入侵机制及防治策略研究进展[J].浙江农林大学学报，32（4）：625-634.

王永繁，胡玉佳，2000.五爪金龙和圆叶牵牛对某些除莠剂的反应[J].生态科学，19（2）：77-79.

王子臣，朱普平，郑建初，等，2012.稻田除草剂水体残留对水生植物大藻的影响[J].杂草科学，30（2）15-19.

韦家书，2008.外来入侵植物银胶菊的生物学特性及化学防除技术研究[D].南宁：广西大学.

徐正浩，王一平，2004.外来入侵植物成灾的机制及防除对策[J].生态学杂志，23
（3）：124-127.

杨宇，2010.入侵植物五爪金龙研究和利用进展[J].科技广场（9）：171-173.

张黎华，冯玉龙，2007.飞机草的生防作用物[J].中国生物防治，23（1）：
83-88.

张泰劫，崔烨，郭文磊，等，2019.外来植物阔叶丰花草的研究进展[J].杂草学
报，37（3）：1-5.

张文艳，庞静，2013.空心莲子草的入侵机制及其防治对策[J].作物研究，27
（3）：302-306.

COCK M J W，1982. The biology and host specificity of *Liothrips mikaniae*
（Priesner）（Thysanoptera：Phlaeothripidae），a potential biological control
agent of *Mikania micrantha*（Compositae）[J]. Bulletin of Entomological
Research，48（3）：523-533.

COCK M J W，ELLISON C A，EVANS H C，et al.，2000. Can failure be turned
into success for biological control of mile-a-minute weed（*Mikania micrantha*）
[C]//SPENCE R P M. Proceedings of the X international symposium on biological
control of weeds. Bozeman：Montana State University Press：155-167.

DHILEEPAN K，SETTER S D，MCHADYEN R E，2000. Impact of defoliation by
the biocontrol agent *Zygogramma bicolorata* on the weed *Parthenium hysterophorus*
in Australia[J]. Biocontrol，45：501-512.

NAVIE S C，PRIEST T E，MCFADYEN R E，1998. Efficiency of the Stem-
Galling moth *Epiblema strenuana* Walk. as a biological control agent for ragweed
Parthenium hysterophorus[J]. Biological Control，13：1-8.

SAINTY G，McCORKELLE G，JULIEN M，1997. Control and spread of alligator
weed *Alternanthera philoxeroides*（Mart.）Griseb.，in Australia：lessons for other
regions [J]. Wetlands Ecology and Management，5（3）：195-201.

SHAO H，PENG S L，LIU Y X，et al.，2002. The biological control and the natural
enemy of *Mikania micrantha* H. B. K's in China[J]. Ecologic Science，21（1）：
33-36.